A MESSIEURS, MESSIEURS LES LIEUTENANT, GENS DU CONSEIL ET ECHEVINS DE LA VILLE DE REIMS.

*ESSIEURS,*

Aprés avoir porté mes premiers hommages au pied du Thrône de la

Majesté Divine, source inépuisable de toutes nos lumieres, en luy soumettant cette production de mon esprit; aprés m'estre adressé au plus sçavant & au plus éclairé Prince du monde pour en juger & par là satisfait à ce que j'ai crû devoir au Roy du Ciel & aux Princes de la Terre; il est juste que pour ne pas m'écarter d'un si bel ordre & honorer la Ville dont j'ai l'avantage d'estre Citoyen, & que vous gouvernez avec tant de sagesse, je vienne aussi à dessein de concourir à sa gloire vous offrir ce fruit de mon Travail. J'entreprens, MESSIEURS, *d'y tirer le rideau sur une verité qui jusqu'icy estoit demeurée voilée aux yeux de toute la docte & curieuse antiquité; c'est le fameux Enigme de la Quadrature du Cercle. Supposé que j'aye réussi à dissiper les ombres qui l'environnent depuis tant de siécles, comme l'évidence de la raison me le persuade, & comme les plus habiles qui ont examiné mon Ouvrage, en conviennent; combien de Villes célebres dans le ſein deſquelles ſont nés les grands Hommes qui ont tenté inutilement d'expliquer ce Problême, ſeront jalouſes de l'honneur que la vôtre & ſi ancienne & ſi renommée d'ailleurs en pourra recevoir? J'apercois,* MESSIEURS, *que je m'attire icy plus particulierement voſtre attention, pour ne pas dire voſtre bienveillance, mais cela ne me ſurprend pas. Car enfin s'il eſt vrai qu'à l'exemple de vos Zelés Prédéceſſeurs on vous a toûjours vûs ſenſiblement touchez de la gloire de ſon nom; s'il eſt conſtant que par un genéreux penchant pour les gens de Lettres, ce que vous tirez tous les ans pour y faire fleurir les Sciences & y polir les eſprits, n'eut jamais d'autre principe: Aurois-je lieu de m'étonner qu'en vous préſentant une découverte qui va faire envier le ſort de cette même Ville à tout le reste de la terre ; vous jetassiez sur moy un regard favorable ? Non sans doute, & je présume assez de vos bontez en cette occasion pour croire non seulement que vous accorderez une entiere protection à l'Autheur & à l'Ouvrage, mais aussi que vous agréerez les respects avec lesquels je prens la liberté de me dire,*

MESSIEURS,

Vostre trés-humble & trés-obéissant
Serviteur REMY BAUDEMONT
Mathematicien & Horlogeur.

PREFACE.

DE toutes les ſçiences humaines dont le Créateur a doüé l'entendement des hommes, il n'en eſt pas qui ſatisfaſſe plus pleinement l'eſprit que les Mathematiques ; la certitude des regles qu'elles preſcrivent ſont les plus puiſſans apas qui l'attirent à les connoiſtre. Auſſi voyons-nous que malgré les épines dont elles ſont entourées, elles ne laiſſent pas de trouver un fort grand nombre de Sectateurs ; mais ſur tout parmi les Princes & les Grands du monde qui veulent devenir Mathematiciens charmez de la beauté de ces admirables connoiſſances ; parce que non ſeulement elles ouvrent l'eſprit, le rendent juſte & pénétrant, mais elles leur fourniſſent encore des regles certaines pour l'exécution de de leurs grands desseins.

A peine peut-on seulement faire un pas dans les autres sciences sans crainte de se tromper ; mais il n'en est pas ainsi des Mathematiques, la lumiere qu'elles nous présentent n'est pas sujette à s'éteindre, elle brille toûjours à nos yeux & nous conduit d'un pas assûré jusques dans le puits de la verité. Jamais Circé n'eut plus de pouvoir sur son Ulisse que cette merveilleuse science en a sur l'esprit quand il en a une fois surmonté les premieres difficultés, c'est pour lors qu'il est toûjours seur de ne se pas tromper, principalement quand il se sert avec adresse des principes qu'elle luy fournit ; & quoi qu'ils soient en petit nombre, ils suffisent neanmoins pour luy faire moissonner à pleines mains les verités qui sont les fruits de ses travaux & le prix de sa course.

Que si les Mathematiques ont si bien sçû attirer, charmer & se captiver l'esprit de l'homme, elles en ont été genereusement & abondamment recompensées par la quantité des grands personnages tant Anciens que Modernes qui les ont enrichies de leurs sçavans écrits. Mais les uns & les autres qui ont paru en leurs temps comme de vives lumieres pour dissiper les tenebres de l'ignorance, n'ont pû cependant les percer n'y aplanir les difficultez de la fameuse proposition que j'entreprens de donner aujourd'huy au public. Plus de deux mille ans n'ont pas suffi aux plus Sçavans qui ont vécu successivement pendant un si long espace de temps pour en penetrer entierement les obscurités. Celui des Anciens qui a apporté le plus de lumiere à ce noir Cahos a été le grand Archimede Prince de Syracuse qui s'est servi de la methode des Poligones inſcrits & circonſcrits à l'exemple de Briſon & d'Antiphon ; mais tout ſon travail s'eſt terminé à donner en chiffre un rapport imparfait du diametre à la circonference, en quoi il eſt certainement fort excuſable, puiſqu'on conclut de mon Theoréme 3. qu'on ne le peut exprimer que par des lignes droites.

Dinoſtrate inſtruit du naufrage des deux derniers prit une autre route. Il partagea la circonference d'un quart du cercle en autant de parties égales que le rayon, & il mena des rayons par tous les points de diviſion de cette circonference ; [a] & des paralleles à l'autre rayon par tous les points de diviſion du premier, de l'extremité duquel il commença une ligne courbe, la continuant par l'interſection de la premiere parallele & du ſecond rayon, de la deuxiéme parallele & du troisiéme rayon, ainsi de suite. Puis il demontra que la base de cette courbe est au rayon, comme le rayon est au quart de la circonference; mais malheureusement il ne pût la descendre jusques sur le dernier rayon, d'autant qu'il ne se pouvoit faire d'intersection de la derniere parallele par le dernier rayon, l'une & l'autre se confondans dans une même ligne droite; ainsi la Quadrature du Cercle fut encore manquée par cette methode, quoique la plus belle & la plus ingenieuse de toutes.

* Si la premiere de ces paralleles est infiniment prés de l'extremité superieure du premier rayon, la derniere est aussi infiniment prés du centre, & de tout le dernier rayon, ainsi le point d'intersection de cette derniere parallele par l'avant dernier rayon, donne l'avant dernier point de la courbe de Dinostrate, qui touchant un des points du dernier rayon, ce point touché en est l'extremité, & par consequent luy appartient; & d'autant plus que ce dernier rayon osté le quart du cercle est détruit, de même que la Quadatrice qu'on ne peut plus former, ainsi cette ligne dépend de tout le circuit du quart

de cercle. D'où je conclu que les Anciens n'ont pas eu tort de supposer ce point pour faire la démonstration des proprietez de sa base, comme on le void dans le Theoréme 2. que personne ne leur a contesté. Il me paroist que ce que je viens de dire fondé sur la Géometrie des indivisibles reçûë presentement de tous les Sçavans, suffit pour détruire une autre objection qui m'a esté faite, par laquelle on voudroit soûtenir que pour trouver le dernier point de la Quadratrice, il faudroit supposer que le continu fût actuellement divisé en toutes ses parties ; si cela estoit, une éguille des minuttes sur 12. heures, & une des heures sur une heure ne pourroient jamais se rencontrer, puisque celle des minuttes seroit obligée de vaincre la progression infinie, 1, $\frac{1}{12}$, $\frac{1}{144}$, &c. mais l'experience & la demonstration de plusieurs sçavans Géometres ne s'y accordent pas.

Si la divine providence avoit permis que ce grand Homme eût achevé ce bel Ouvrage, personne ne s'en seroit étonné ; or que pour le perfectionner elle en ait choisi un inconnu aux gens de lettres, & qui n'a encore donné aucune marque de sa capacité, c'est ce qu'il y a de plus surprenant : mais ce n'est pas à nous à vouloir pénétrer dans les conſeils ſecrets de noſtre Souverain, qui diſpoſe de tout ſelon ſon bon plaiſir.

Comme la courbe de Dinoſtrate n'a été inventée que pour le dernier point, [b] je le fixe & le détermine dans le premier Theoréme, & pour cela je fais un demi-cercle, & faiſant paſſer un autre demi-cercle par l'extremité du diametre & par le dernier point de cette courbe, je démontre enſuite que le petit demi-cercle eſt au grand comme 1. eſt à 2. Il y a deux corollaires qui ſuivent ce Theoréme, qui ne ſont pas de grande conſequence & qui tendent à la pratique.

[b] La Géometrie ne me donne pas moins de pouvoir qu'aux autres Géometres, qui m'ont précedez. Ils ont ſupoſé le dernier point de cette courbe, cōme il vient d'eſtre dit, je le ſuppoſe auſſi & cela avec d'autant plus de fondement que la verité s'enſuit, & que Meſſieurs de l'Academie Royale des Sciences m'ont accordé cette ſuppoſition, ce qu'ils n'auroient pû faire, ſi ce point ne luy appartenoit, je le ſupoſe dis-je pour y tirer une ligne, y faire paſſer

un cercle, & par ce moyen démontrer le present Theoréme.

Le deuxiéme Theoréme est la proposition même de Dinostrate, laquelle selon le sçavant Mr. Ozanam, seroit la Quadrature du Cercle, si le dernier point de la Quadatrice de cet Ancien eut pû se découvrir; mais il ne se trouvoit qu'en tatonnant, autrement elle auroit été trouvée cette Quadrature désirée avec tant d'ardeur; puisqu'à deux lignes droites données on trouve géometriquement une troisiéme proportionelle. Les trois corollaires qui suivent sont parfaitement beaux, & disent beaucoup en peu de mots.

Le troisiéme Theoréme est admirable & découvre ce que personne n'a jamais sçû pénétrer, qui est [c] l'incommensurabilité du rayon à la circonference.

[c] Il paroist que cette incommensurabilité ne plaît pas à tout le monde, mais ne pouvant changer la nature de la chose, c'est beaucoup de l'avoir recõnuë.

Quand les Géometres ſpeculatifs demandent le rapport du rayon à la circonference, ils ne prétendent pas qu'on le leur donne ſeulemeut rationel, mais tel qu'il eſt en luy même, c'eſt à dire rationel ou irrationel, ils n'aiment & ne recherchent que la verité, qui ſeule peut les ſatisfaire.

Enfin la quatriéme propoſition donne la maniere de faire un quarré égal à la ſuperficie du Cercle. [d]

[d] Ce Problême eſt la définition même de la Quadature du Cercle, puiſque quarrer le cercle n'eſt rien autre choſe que de donner géometriquement, & par une bonne regle bien démontrée une figure rectiligne, dont la ſuperficie ſoit préçiſément égale à celle du cercle; de ſorte que par exemple ſi le cercle contient 10. toiſes en ſuperficie, la figure rectiligne ou le quarré en contienne autant. Qui peut donner l'étenduë de la circonference donne ce quarré, puiſqu'on a demontré que le cercle eſt un poligone regulier d'une infinité de côtez, voyez la Géometrie de Monſeigneur le Duc de Bourgogne, *page* 121. & 122.

Et quoique ce Traité ne ſoit pas d'une longue étenduë, je peux dire qu'il renferme plus de choſes que les gros que Pappus, Clavius, le Pere Deſchales & pluſieurs autres ont composez sur cette même courbe. Avant que de finir cette Préface, il ne sera pas inutile d'informer ici le public de ce qui m'est arrivé depuis cette merveilleuse découverte, & de lui faire voir que je ne veux lui rien donner qui ne soit du gout des plus habiles en ces sçiences ; car je sçay que dans ces grandes recherches on doit se méfier de ses propres connoissances.

Aussitot que je l'eu faite je pris la liberté d'en écrire à Monsieur le Marquis de Puizieux qui eut la bonté de la produire en Cour, & ce fut le 13. May de l'année 1710. qu'il l'envoya suivant les lettres que le sçavant Mr. de Malezieu luy en a écrites, elle y a été fort estimée & trés bien reçûë, ce qui en découvre la bonté. Depuis je l'ay envoyé à Mr. l'Abbé Bignon & à plusieurs autres grands Mathematiciens; c'est ce qu'on verra dans

la réponse

la réponse que j'ai faite au Pere le Muet qui est un homme pour qui j'ai une estime particuliere, & dont j'ai inseré les lettres dans mon Ouvrage.

AU LECTEUR.

Dois-je avant de résoudre un si fameux Problême,
Me fraïant un chemin à la gloire suprême,
Marquer icy les noms de mes vains Concurrents ?
Non sans doute, & je hais cét indigne artifice,
J'attens de toy, Lecteur, une entiere justice,
Sans briguer ton estime aux dépens des Sçavans.

LA GRANDE ET FAMEUSE DECOUVERTE DE LA QUADRATURE DU CERCLE.

THEOREME PREMIER.

FIGURE I.

LE demi-cercle ABH estant donné, dans la moitié duquel soit formé la courbe de Dinostrate AMI; continuée jusqu'au point I;

ſur le rayon DH : Si dans ce demi-cercle on en inſcrit un autre dont la circonference touche le cercle generateur au point A & paſſe par le point I ; le petit demi-cercle ſera au grand comme 1. eſt à 2.

CONSTRUCTION.

Soit tirée AI, du point Q milieu de AI ſoit élevée perpēdiculairement la ligne QC pour avoir en C le centre du petit cercle, par lequel point & de l'ouverture AC on le décrira. Puis par le centre C on menera CL parallele à DI qu'on prolongera en F. Du point d'attouchement A, on tirera la corde AF, qui ſera de 90. dégrez. Du point F on menera la droite DF continuée juſqu'à ce qu'elle rencontre la circonférence en O, duquel point & du centre C on tirera le diametre OCP. Puis on diviſera la demi-circonference PRO en deux égallement au point R, & ayant tirées les droites GR, RF, GF, PG, on menera par le point Z interſection des cordes OF, PG la droite RZ prolongée en Y : Enfin on continuera AI juſqu'à la rencontre de la tangente GN.

DEMONSTRATION.

Il faut d'abord prouver que le triangle AFD eſt iſoſcele.

1° La ligne OF eſt parallele à GR, car OGR eſt un quart de circonference, *par conſt*, GRF en eſt un autre oſtant l'arc commun GR on aura l'arc OG=RF. On prouvera de même que PG eſt parallele à FR, & qu'ainſi FZGR eſt un parallelogramme.

2° Les trois triangles FRG, FGZ, PZO ſont ſemblables; les angles alternes FGR = OFG, PGF = GFR, ce qui prouve que les deux premiers ſont équiängles. L'angle PGF = POF, car la meſure de l'un & de l'autre eſt $\frac{1}{2}$PF :

OFG = OPG, car chacun d'eux est mesuré par $\frac{1}{2}$OG, donc le triangle PZO est équiangle avec le second FGZ & par consequent avec le premier, donc ces trois triangles sont équiangles.

3° Les angles alternativement opposez YZP = YRF font voir que l'angle OZP opposé à l'angle FZG est divisé de la même maniere que l'angle GRF; la ligne YR estant, *selon la const*, par l'une de ses parties ZR diagonale du parallelogramme FZGR, & partageant son autre diagonale FG ou la base commune des deux premiers triangles FRG, FGZ par la moitié, elle partage aussi par la moitié OP, qui est le diametre base du troisiéme triangle PZO, ainsi elle passe par le centre C, & est perpendiculaire sur l'une & l'autre, *Euc.* 3, *prop.* 3. & divisant la corde FG en deux, elle divise de même son arc, ainsi l'arc

GR = RF = 45. dégrez : Or dans le triangle iſoſcele RCG qui eſt tel à cauſe des deux rayons CG, CR, les angles ſur la baſe, ſont chacun de $67\frac{1}{2}$ dégrez, & parce que DZ eſt parallele à GR, l'angle CDZ qui en eſt un du triangle ADF ſera auſſi de $67\frac{1}{2}$ dégrez. L'angle FAG appuié ſur FRG quart de la circonference eſt de 45. dégrez ; donc le troiſiéme eſt de $67\frac{1}{2}$ dégrez ; & partant ce triangle AFD eſt iſoſcele, ainſi AF = AD.

Mais AF eſt moyenne proportionelle entre AC & AG, comme on le peut démontrer, *par la huitiéme du 6*, AD le ſera de même, ainſi on aura cette progreſſion ÷ AC, AD, AG. Dans les deux triangles ſemblables ADI, AGN les coſtez AD, AG ſont homologues, donc ces deux triangles ſont entre eux comme AD^q eſt à AG^q : Or AD^q eſt à AG^q comme AC eſt à AG, & AC eſt à AG comme 1 eſt à 2, donc ADI, AGN : : 1, 2 ; ainſi la parallele DI partage le triangle AGN en deux égallement. Le triangle ACL eſt le quart du triangle AGN donc il eſt la moitié du triangle ADI, donc le quarré ou le cercle fait ſur le rayon AC eſt au quarré ou au cercle fait ſur le rayon AD comme 1 eſt à 2. *Ce qu'il falloit démontrer.*

CONSTRUCTION

pour la ſeconde Demonſtration.

FIGURE I.

Si l'on veut ſuppoſer que du point P milieu de l'arc AF on mene le rayon PC, qui eſtant continué de même que FD juſqu'à ce que l'un & l'autre ſe rencontrent en quelque point O, & qu'enſuite ID ſoit prolongé en T; on en fera ainſi la

2e. DEMONSTRATION.

Le triangle AFD eſt iſoſcele; l'angle OCG eſt de 45. dégrez, car il eſt au centre & oppoſé à l'angle ACP qui en vaut autant, *par conſt.* L'angle CDV eſt droit, donc CVD eſt auſſi de 45. dégrez. En quelque endroit que ſoit le point O, ou les deux lignes PO, FO ſe rencontrent, les deux angles VOD, VDO vaudront toûjours 45. dégrez, car l'angle CVD qui leur eſt exterieur en eſt la ſomme; or la meſure de l'angle CVD, qui eſt au dedans de la circonference & ailleurs qu'au centre eſt $\frac{1}{2}$TO + $\frac{1}{2}$FI + $\frac{1}{2}$PF. La meſure de l'angle TDO qui eſt auſſi au dedans de la circonference & ailleurs qu'au centre eſt $\frac{1}{2}$TO + $\frac{1}{2}$FI qui eſtant oſtée de la meſure de l'angle CVD, le reſte qui eſt $\frac{1}{2}$PF ou $22\frac{1}{2}$ dégrez ſera la meſure de l'angle POF, ce qui ne pourroit eſtre, ſi cet

D

angle n'estoit à la circonference. Le triangle OCF est donc isoscele OC & CF estant deux rayons; l'angle CFD est donc aussi de $22\frac{1}{2}$ dégrez, que j'ajoute à l'angle AFC de 45. dégrez la somme $67\frac{1}{2}$ dégrez est la valeur de l'angle AFD. L'angle FAG est de 45. dégrez, car il est soutenu par l'arc FG de 90. dégrez; ainsi les trois angles du triangle AFD sont $45 + 67\frac{1}{2} + 67\frac{1}{2} = 180$. & par consequent il est isoscele, & partant AF = AD. AF ou son égale AD est la diagonale du quarré ACF, donc le cercle fait sur le costé AC est au cercle fait sur la diagonale AD comme 1 est à 2. *Ce qu'il falloit démontrer.*

COROLLAIRE I.

Figure 1.

Si l'on prolonge la ligne AF en H, il est aisé de voir qu'elle sera égale à AG.

COROLLAIRE II.

Figure 1.

Que ſi ſur le rayon AB, on décrit encore une fois le petit demi-cercle AGF de ſorte qu'il touche le grand en B l'interſection de la circonference de ces deux petits demi-cercles ſe fera au point I qui eſt le dernier de la Courbe de Dinoſtrate.

AVERTISSEMENT.

J'ai tiré l'énoncé de la propoſition ſuivante du Cours de Mathematique du Pere Deſchales, & la démonſtration de celuy de Mr. OZanam, laquelle j'ai trouvée fort intelligible. On m'a conſeillé de ne pas ſuppoſer cette démonſtration, comme j'avois deſſein de le faire pour ne pas donner la peine à ceux qui liront mon Ouvrage d'y avoir recours.

THEOREME II.

FIGURE II.

L'arc du quart de cercle, son demi-diametre, & la base de la Quadratrice sont continuellement proportionels.

PREPARATION.

DEcrivez du centre A, par les deux points L, G, les arcs de cercle LM, GH, & par le point I, où la Quadratrice se trouve coupée par l'arc GH, tirez le rayon AF, & la ligne IK perpendiculaire au rayon AD. Tirez encore du point L, la droite LI perpendiculaire au rayon AB, & par le point I, où elle coupe la Quadratrice DE, tirez le rayon AF & la droite IK parallele au rayon AB. Décrivez du centre A, par le point I, l'arc de cercle GH.

DEMONSTRATION.

Si les trois lignes BD, AB, AG, étoient proportionnelles, c'eſt à dire ſi l'on avoit cette Analogie, BD, AB:: AB, AG, en mettant à la place des deux derniers termes AB, AG, les arcs BD, GH, qui ſont en même raiſon, parce qu'ils ſont ſemblables, on auroit cette autre Analogie, BD, AB::BD, GH, où les antecedens étant égaux, les conſequens devroiēt auſſi être égaux, c'eſt à dire que la ligne AB ſeroit égale à l'arc GH. Cela eſtant ſuppoſé, on conſiderera que les arcs BD, GH étant ſemblables, auſſi bien que les deux BF, GI on aura cette Analogie, BD, BF::GH, GI, & ſi à la place des deux premiers termes BD, BF, on met les lignes AD, AK, qui ſont en même raiſon, *par la generation de la Quadratrice*, on aura cette autre Analogie, AD, AK::GH, GI,

& parce que nous avons reconnu que l'antecedent AD, ou AB, doit eſtre égal à l'antecedent GH, le conſequent AK, ou LI, doit auſſi eſtre égal au conſequent GI, ce qui étant impoſſible, il eſt impoſſible auſſi que les trois lignes BD, AB, AG, ſoient proportionnelles. *Ce qui eſt l'une des deux choſes qu'il falloit démontrer.*

Si les trois lignes BD, AB, AL, eſtoient proportionnelles, en ſorte qu'on eût cette Analogie, BD, AB:: AB, AL, en mettant à la place des deux derniers termes AB, AL, les deux arcs ſemblables BD, LM, qui ſont en même raiſon que leurs rayons on auroit cette autre Analogie, BD, AB::BD, LM, où l'on void comme auparavant que l'arc LM ſeroit égal à la ligne AB, ou AD. Cela eſtant ſuppoſé, on conſiderera que les deux arcs BD, LM, eſtant ſemblables, auſſi bien que les deux BF, LO, on aura cette analogie, LM, LO::BD, BF, & si à la place des deux derniers termes BD, BF, on met les deux AD, AK, qui sont en même raison, *par la generation de la Quadratrice*, on aura cette autre analogie, LM, LO::AD, AK, où l'antecedent LM a esté démontré égal à l'antecedent AD, ce qui fait que le consequent LO doit aussi être égal au consequent AK ou LI, ce qui estant impossible, il est impossible aussi que les trois lignes BD, AB, AL, soient proportionnelles. *Ce qui restoit à démontrer.*

COROLLAIRE I.

Figure I.

Les quatre lignes GD, DI, AD, AH, sont en continuelle proportion géometrique, car, *par la* 13. *du* 6, ∺ GD, DI, AD, & *par le précedent Theoréme*, ∺ DI, AD, AH, donc en mettant GD pour le premier terme de cette dernierre progreſſion on aura ∻ GD, DI, AD, AH.

Corollaire II.

Figure 1.

Si du point D, & de la diſtance DI, on décrit le quart de cercle IK; du même point D & de la diſtance DG, un autre quart de cercle GE; on conclura ce qui ſe void à la fin de ce Corollaire.

∻ GD, DI, AD qui ſont les rayons. ∻ GE, IK, AH, qui ſont les circonferences. Si l'on nomme GD a & q, l'expoſant de DI diviſé par GD. La progreſſion des quatre termes du Corollaire précedẽt ſera ∻ a, aq, aqq, aq^3, & par le même Corollaire, $aq^3 =$ AH. Pour exprimer GE, IK, AH, je nomme x le quart GE & q, l'expoſant de IK diviſé par GE (car il eſt le même, tant dans les circonferences, que dans les rayons,) cette derniere progreſſion

progreſſion ſera ∺ x, xq, xqq. $xqq = $ AH & $aq^3 =$ AH, donc $xqq = aq^3$ donc $x = aq$ & mettant aq à la place de GE, on aura ∺ aq, aqq, aq^3, pour la progreſſion des circonferences, de ſorte que les deux progeſſions s'exprimeront comme il ſe void ici, c'eſt la Concluſion.

∺	GD,	DI,	AD,	AH.
		égal	*égal*	
∺	*égal*	GE,	IK,	AH.
		égal	*égal*	*égal*
∺	a;	aq,	aqq;	aq^3.

Avertissement.

AH eſt pris pour le quart de la circonference du grand Cercle dans les deux Corollaires cy-deſſus.

COROLLAIRE III.

Figure 1.

Si du point D & de la diſtance DI, on décrit le quart de Cercle IX, le point G extremité de l'arc IRG marquera ſur le rayon de ce quart de cercle le dernier point de la Courbe de Dinoſtrate ; car DI = EG comme AD = KI.

THEOREME III.

FIGURE I.

Le rayon du Cercle eſt incommenſurable avec ſa circonference tant en luy même qu'en puiſſance.

LA ligne AC qui eſt le coſté du quarré ACF eſt incommenſurable avec AF, ſa diagonale ou AD ſon égale, *par la* 117. *du* 10; donc AD eſt incommenſurable avec 2AC ou AG, donc AG – AD ou GD eſt incommenſurable avec AD : Or ∺ GD, DI, AD, la raiſon de GD à AD eſt une raiſon doublée qui n'étant pas de nombre à nombre DI, qui eſt leur moyenne proportionelle, leur eſt incommenſurable tant en elle même qu'en puiſſance : Mais GD eſt le rayon du plus petit Cercle, & GE ou DI, le quart de ſa circonference, *Corol. 2. du Th. 2.* Or puiſque GD. rayon de ce petit Cercle eſt incommenſurable tant en lui même qu'en puiſſance avec DI qui eſt le quart de ſa circonference, il le ſera de même avec 4DI, qui eſt toute la circonference, donc le rayon du Cercle eſt incommenſurable avec ſa circonference tant en lui même qu'en puiſſance. *Ce qu'il falloit démontrer.*

PROBLEME.

FIGURE I.

Faire un Quarré dont la ſuperficie ſoit égale à celle du Cercle.

SCachant que ∺ GD, DI, AD, & que le quart AH, *Corol.* 2. du *Th.* 2. leur eſt quatriéme proportionelle. Je la nomme *b*, je multiplie le diametre AB que je nomme *c* par *b*, le quart de ſa circonference, le produit *bc* eſt un parallelogramme égal à la ſuperficie du Cercle. Si entre *b* & *c* on cherche une moienne proportionelle *d*, on aura ſon quarré $dd = bc$. *Ce qu'il falloit faire*

COROLLAIRE

Figure 1.

Le quart AH réduit en ligne droite étant la diagonale d'un quarré, le coſté ſera le quart APF.

AVERTISSEMENT.

Le dernier point de la Courbe de Dinostrate est le centre de gravité de la demi-circonference, comme on le démontre dans la Statique : On pourroit encore y ajoûter plusieurs autres propositions, sur la mesure des parties du Cercle, de l'Ovale, de la Cycloïde &c. mais ce que j'ai dit de la dimension de cette Figure suffit pour les Sçavans.

THEOREME.

FIGURE I.

L'Arc APFI étendu en ligne droite, est égal à l'arc AH, étendu de même en ligne droite.

Je prie les Sçavans à l'examen desquels je soumets de bon cœur ce petit Ouvrage, & qui comme moy, recherchent sincerement la verité de vouloir bien examiner ce Theoréme, s'il eſt vray & ſi on le peut démontrer: Quant à ceux qui par une baſſe & lâche jalouſie n'aiment à paroiſtre que ſur les ruines de la réputation d'autruy, il ſera toûjours facile de les reconnoiſtre.

Sçachant que le Seigneur eſt le Dieu des ſciences, le Pere des lumieres, l'Auteur de tout don excellent, il eſt juſte que par un aveu publique je luy témoigne ma profonde reconnoiſſance en luy rendant autant qu'il eſt en moy, l'honneur & les actions de graces qui ſont dûës à une ſi haute Majeſté; c'eſt pourquoy je finis ce Traité par ces belles parolles qui nous onr eſté dictées par le Saint Eſprit meſme.

Non nobis, Domine, non nobis, ſed nomini tuo da gloriam.

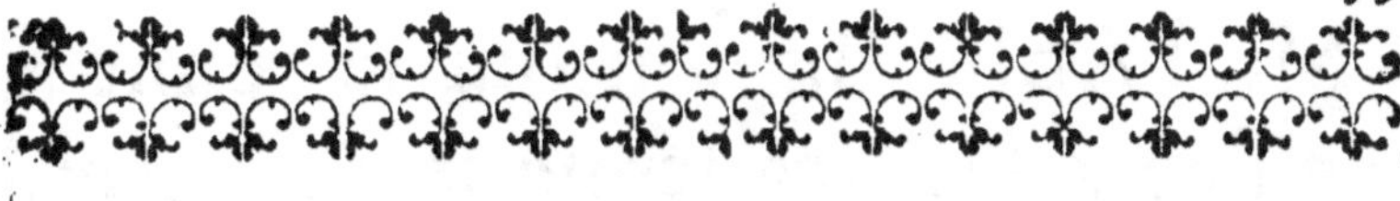

Lettre du R. Pere Romuald le Muet au Sieur Baudemont au ſujet de la Quadrature du Cercle, avec la Réponſe qu'il luy a faite, à laquelle il a joint quelques éclairciſſemens.

MONSIEUR,

J'apprends par le Journal Hiſtorique de Mr. Jordan que je ſuis Concurrent avec vous à l'honneur d'avoir trouvé la Quadrature du Cercle, & de voir nos études & nos veilles recõpenſées du plaiſir d'avoir fait cette grande découverte. Je vous en felicite, Monſieur, avec d'autant plus de raiſon que je connois mieux que grand nombre d'autres le prix ineſtimable de la choſe. Depuis long-tems je n'en fais plus myſtere; il y a plus de trois ans que j'en envoïay le Programe à Mr. l'Abbé Bignon qui le remit à Meſſieurs de l'Academie des Sçiences, & me fit ſur ce ſujet une réponſe trés obligeante. Je l'envoïay auſſi en Angleterre, d'où l'on me fit pluſieurs objections auſquelles je répondis & ſatisfis ; depuis je l'ay confié icy à pluſieurs de mes amis, & enfin j'indique publiquement aux Sçavans, comme vous avez pû voir par ce dernier Journal Hiſtorique, la voye que j'ay tenuë en la reſolution de ce Problême, qui eſt preſque tout ce qu'il en faut ſçavoir, & je ne leur laiſſe le peu de travail qui reſte à faire que pour ne les pas priver entierrement du plaiſir de pouvoir encore trouver eux-mêmes la ſolution de ce fameux Problème, qui, comme vous ſçavez, à eſté l'objet de l'étude des plus celebres Mathematiciens depuis plus de deux mille ans. C'eſt cette maniere ouverte avec laquelle j'agis

qui

qui me donne lieu d'eſperer que vous voudrez bien me faire la grace de m'indiquer pareillement la voye par laquelle vous eſtes parvenu à la ſolution de ce même Problême. Je vous en ſupplie, Monſieur, & ſi je puis de même contribuer à vous donner quelque ſatisfaction en vos études, je le feray bien volontiers pour tâcher de meriter l'honneur d'eſtre, Monſieur, voſtre &c.

F. ROMUALD LE MUET.

A Metz ce 4. Octobre 1711.

Réponſe du Sieur Baudemont à la Lettre cy-deſſus.

MON REVEREND PERE,

Nous n'avons reçû le Journal que le 16. ainſi je n'ay pû répondre plûtot à la Lettre que vous m'avez fait l'honneur de m'écrire. Vostre pensée & la mienne sont entierement differentes, la vostre estant une de celles sur laquelle j'ay travaillé fort longtems sans pouvoir y réussir, ce qui m'a contraint de l'abandonner : ainsi il me paroit qu'on est bien éloigné de concevoir vostre Problême par les choses que vous en dites dans le Journal. Les trois Cercles & les deux Lunulles que je comparois estoient tous inégaux ; la plus grande des deux Lunulles surpassoit la plus petite d'une douziéme partie de la superficie du plus grand des trois Cercles. Je n'ay pas crû que cela se pouvoit faire lorsque deux des trois Cercles estoient égaux, ce qui me donne lieu d'admirer encore davantage vostre découverte & de vous en feliciter, mon Reverend Pere, avec d'autant plus de raison que j'y ay eu moins de lumiere. Quant à celle que je vais donner au public, ce n'eſt que la penſée d'un Ancien que j'ay perfectionnée ; que ſi j'y ay réuſſi, vous en jugerez, lorſque mon Ouvrage paroiſtra, ce qui dépend de Mr. Jordan ; car je luy ay envoyé mon Traité ſans aucun *retentum.* Pour ſatisfaire à ce que vous ſouhaitez de moy & vous donner une idée de ce que contient mon écrit, je vous diray que j'ai travaillé ſur la Courbe de Dinoſtrate, de laquelle j'ai fixé & déterminé le dernier point, qui, comme nous l'apprend Mr. Mallement dans ſon grand & fameux Problême de la Quadrature du Cercle, a eſté vainement cherché par le ſçavant Clavius. J'ai même pouſſé la découverte ſi loin que je fais voir que le rayon & la circonference ſont incommenſurables tant en eux-mêmes qu'en puiſſance. C'eſt auſſi cette propoſition qui a le plus fortemēt frapé l'eſprit du R. Pere Bernard Lamy & du ſçavant Anonime qui a répondu en son nom, puisque c'est par là qu'il à cómencé sa Lettre, dans laquelle il approuve la seconde démonstration de mon Theoréme premier, la premiere ne se trouvant pas encore juste.

Vous vous y estes pris pour l'examen de vostre Problême à peu prés comme je l'ay fait pour le mien, excepté que je l'ay envoyé à Rome, non pour y chercher des Indulgences, car il n'en faut point dans ces matieres, mais pour sçavoir le sentiment de Messieurs les Humoristes, comme j'avois déja appris celui de Messieurs de l'Academie des Sciences par six Lettres que Monsieur l'Abbé Bignon m'a fait l'honneur de m'écrire, dans la seconde desquelles, il est convenu que mon Theoréme est en effet la Quadrature du Cercle. Voici l'article de la critique incluse dans sa Lettre.

„ Quant à la réponse de cet Autheur

au reſte de mon écrit, dans laquelle « il s'explique preſentement aſſez pour « faire voir que ſi ſon premier Theo- « réme eſt vrai, ſa Quadrature eſt valide, « *j'en conviens*, mais auſſi faute d'eſtre « bien demonſtré cette Quadrature ne « l'eſt pas non plus, & juſqu'à ce qu'il « l'ait fait, la baſe de la Quadratrice « de Dinoſtrate ne la lui donnera que « comme elle l'a donnée juſqu'ici à tous « ceux qui ont fait attention à cette « Quadratrice, c'eſt à dire en ſuppo- « ſant cette Quadrature elle-meſme. «

C'eſt ce que je peux vous apprendre de ma découverte en attendant que vous preniez la peine de la lire toute entiere dans le Journal. Il ne nous reſte donc plus, mon Reverend Pere, que de rendre graces à la Divine Bonté de ce que par des voyes ſi differentes, elle conduit les hommes à la connoiſſance d'une meſme verité; & pour mon particulier que de vous témoigner avec quel profond respect je ſuis, mon Reverend Pere, Voſtre &c. REMY BAUDEMONT Horlogeur.

A Reims ce 19. Octobre 1711.

AVERTISSEMENT.

Mon premier deſſein eſtoit de faire imprimer mon Traité dans le Journal de Mr. Jordan, mais on m'a repreſenté qu'il ne l'y pouvoit inſerer parce qu'il contient trop de matiere.

ECLAIRCISSEMENS DU Sieur Baudemont ſur ſa réponſe au R. Pere le Muet.

J'Inſcrivois dans un demi-cercle un triangle rectangle, dont l'un des côtez qui forment l'angle droit étoit la corde de 120. dégrez, & l'autre côté celle de 60. puis décrivant un demy-cercle ſur chacune de ces cordes le calcul Algebrique me faisoit connoiſtre que la plus grande Lunulle ſurpaſſoit la plus petite d'une douziéme partie de la ſuperficie du plus grand des trois Cercles. Mais de tout cela je n'en pouvois tirer que la conclusion du Pere Pardies. *Geom. liv. 6. n.* 64.

Le ſuccés n'en a pas eſté plus heureux, le grand Cercle eſtant double de chacun des deux petits, comme le veut le Pere le Muet, car le rectangle du rayon & de la demi-circonference, (lequel rectangle eſt la ſuperficie du Cercle) eſt incommenſurable avec le quarré du rayon ; parce qu'ayant même hauteur ils ſont entr'eux cóme leurs baſes ; & par conſequent deux fois le quarré du rayon, qui eſt le quarré inſcrit dans le Cercle eſt incommenſurable avec la ſomme des quatre Segmens chacun de 90. dégrés; ainſi le quart de la ſuperficie de ce quarré qui est une Lunulle, est incommensurable avec un de ces Segmens; d'où il est aisé de conclure qu'il ne paroist pas qu'on puisse trouver par cette voye un rapport exact du rayon à la circonference, de mesme que celui d'une superficie à l'autre. J'ai donc eu raison d'abandonner la recherche de la Quadrature du Cercle par un moyen que j'appercevois estre incomprehensible à l'esprit humain. La preuve de ce que je viens d'avancer se trouve dans le Theoréme 3. de mon Traité. Ainsi mes difficultés dans cette occasion font la gloire de mon Concurrent, posé qu'il y ait reussi.

Seconde Lettre du R. Pere le Muet au Sieur Baudemont.

MONSIEUR,

Je me donnay l'honneur de vous écrire au commencement d'Octobre dernier au ſujet du fameux Problême de la Quadrature du Cercle, dont vous promettiez de donner une ſolution, ſurquoi vous m'avez fait une réponſe trés-honneſte & fort ſatisfaiſante, dont je vous rends de trés-humbles actions de graces. Mais je vous avouë que je n'en ſuis pas moins dans l'impatience de ſçavoir pourquoi Mr. Jordan ne nous a pas donné dans ſon dernier Journal qui paroît ce mois-cy, cette ſolution que vous m'aviez fait eſperer d'y voir; puiſque rien ne lui manque pour cela, ſemble t-il, vous avez gravé la planche de vos Figures

& expliqué vos penſées ſur ce qui concerne ce grand Problême avec cette pureté & cette netteté d'expreſſion qui ne s'acquiert que par l'exercice. Cependant rien ne paroiſt, & Mr. Jordan n'en dit pas un mot. Voila le juſte ſujet de mon inquietude de laquelle je vous ſupplie de me tirer, & de m'avoüer ingenuëment la vraye raiſon de ce ſilence ou de ce refroidiſſement. J'apprehende que trop de délicateſſe ſur la force & l'évidence de vos demonſtrations ne nous prive cette grande découverte. Ne vous découragez point, *in magnis audere ſat eſt.* Honorez-moy donc de voſtre réponſe & d'une ſincere perſuaſion que je ſuis également avec eſtime & avec reſpect, Monſieur, Voſtre &c.

F. ROMUALD LE MUET.

à Metz ce 13. Nov. 1711.

PERMISSION.

SOit communiqué à l'ancien Avocat pour l'abſence du Procureur Fiſcal ce troiſiéme Février mil ſept cens douze. Signé, CHARUEL.

JE n'empêche pour le Roy & Monſeigneur l'Archevêque que le Supliant faſſe imprimer le petit Livre mentionné en la preſente Requête dont il nous à répreſenté le Manuſcrit. Fait le troiſiéme Février mil ſept cens douze, à condition néanmoins qu'il en ſera laiſſé un Exemplaire au Greffe de ce Baillage. Signé, PATOUILLART.

PErmis faire imprimer le petit Livre en queſtion, à charge par l'Expoſant d'en laiſſer un Exemplaire en noſtre Greffe. Ce troiſiéme Février mil ſept cens douze. Signé, CHARUEL.

Délivré par moy Greffier du Baillage de Reims ſouſſigné audit Sieur Baudemont, les jour, mois & an que deſſus. MEUSNIER.

Fautes à corriger.

Page 5. lig. 24. du cercle *lisez* de cercle.
Page 5. lig. 25. Quadatrice *lisez* Quadratrice.
Page 8. lig. 7. Quadatrice *lisez* Quadratrice.
Page 9. lig. 11 Quadature *lisez* Quadrature.
Page 21. lig. 3. rayon *lisez* diametre.
Page 44. lig. 14. cette grande *lisez* de cette grande.

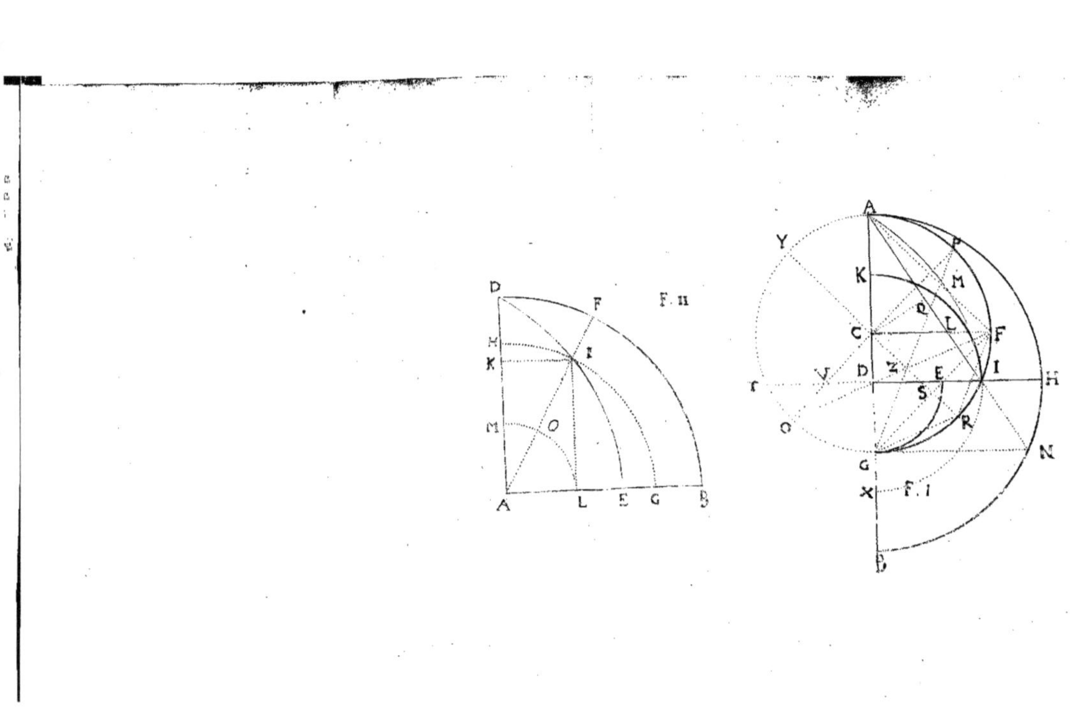
F. II
D
F
H
K
I
M
O
A
L
E
G
B
A
Y
P
K
M
Q
L
C
F
D
Z
E
I
H
V
S
R
O
G
N
X
F. I
B

www.ingramcontent.com/pod-product-compliance
Lightning Source LLC
LaVergne TN
LVHW012006160826
845678LV00002B/694

* 9 7 8 2 3 2 9 6 7 5 8 7 9 *